請貼在 P. 4 - P. 5

請貼在 P. 8 - P. 9

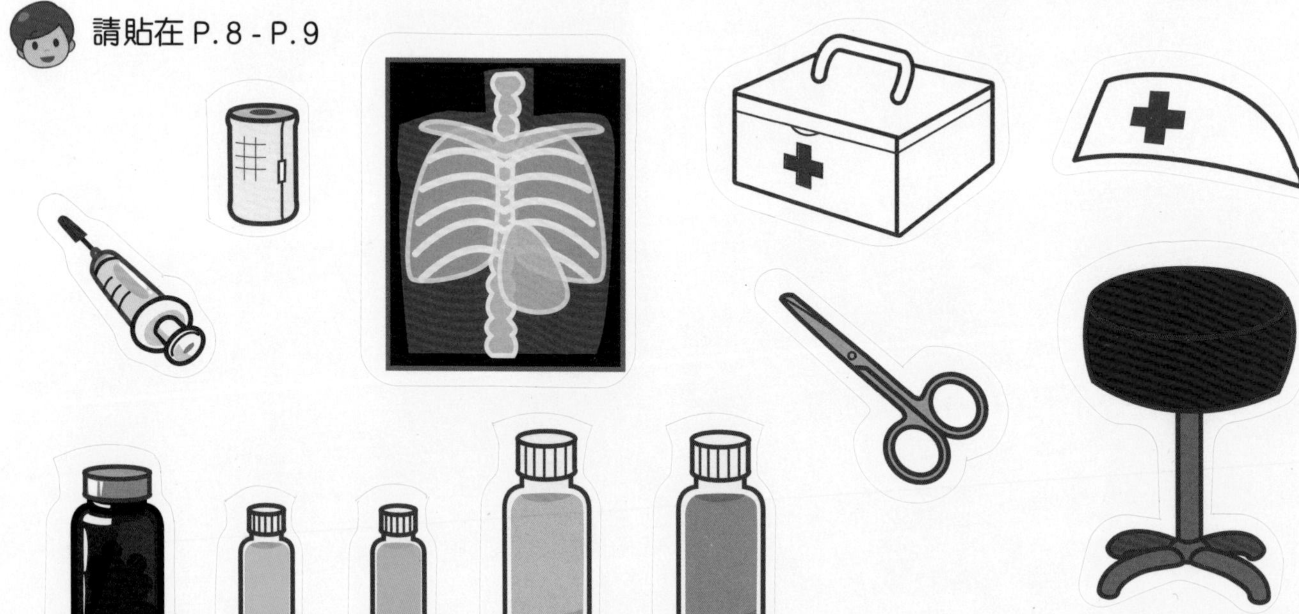

請貼在 P.11

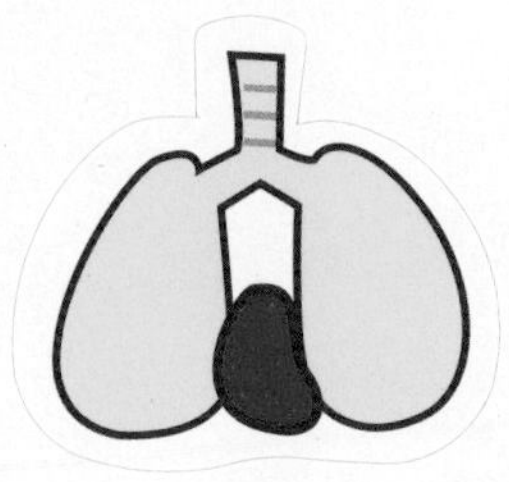
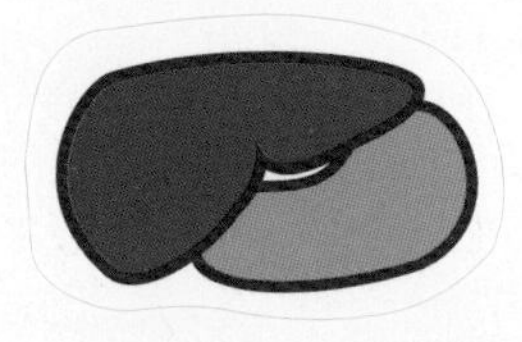
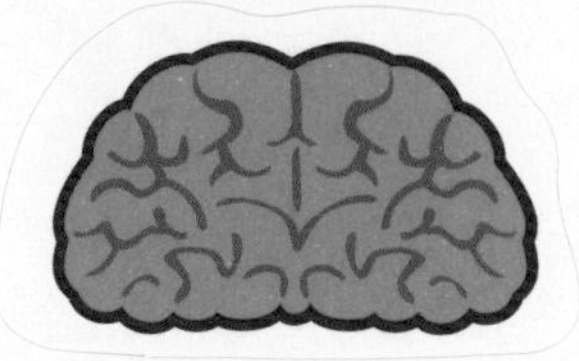

請貼在 P.12 - P.13

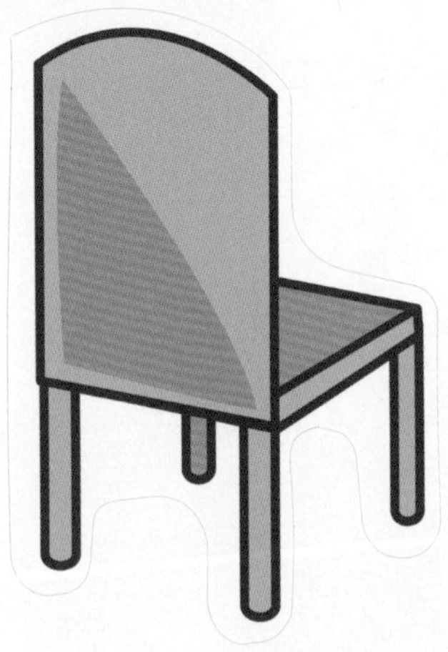

請貼在 P.14 - P.15

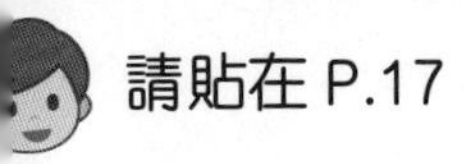

請貼在 P.17

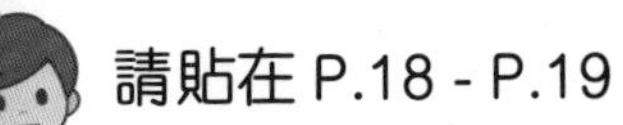

請貼在 P.18 - P.19

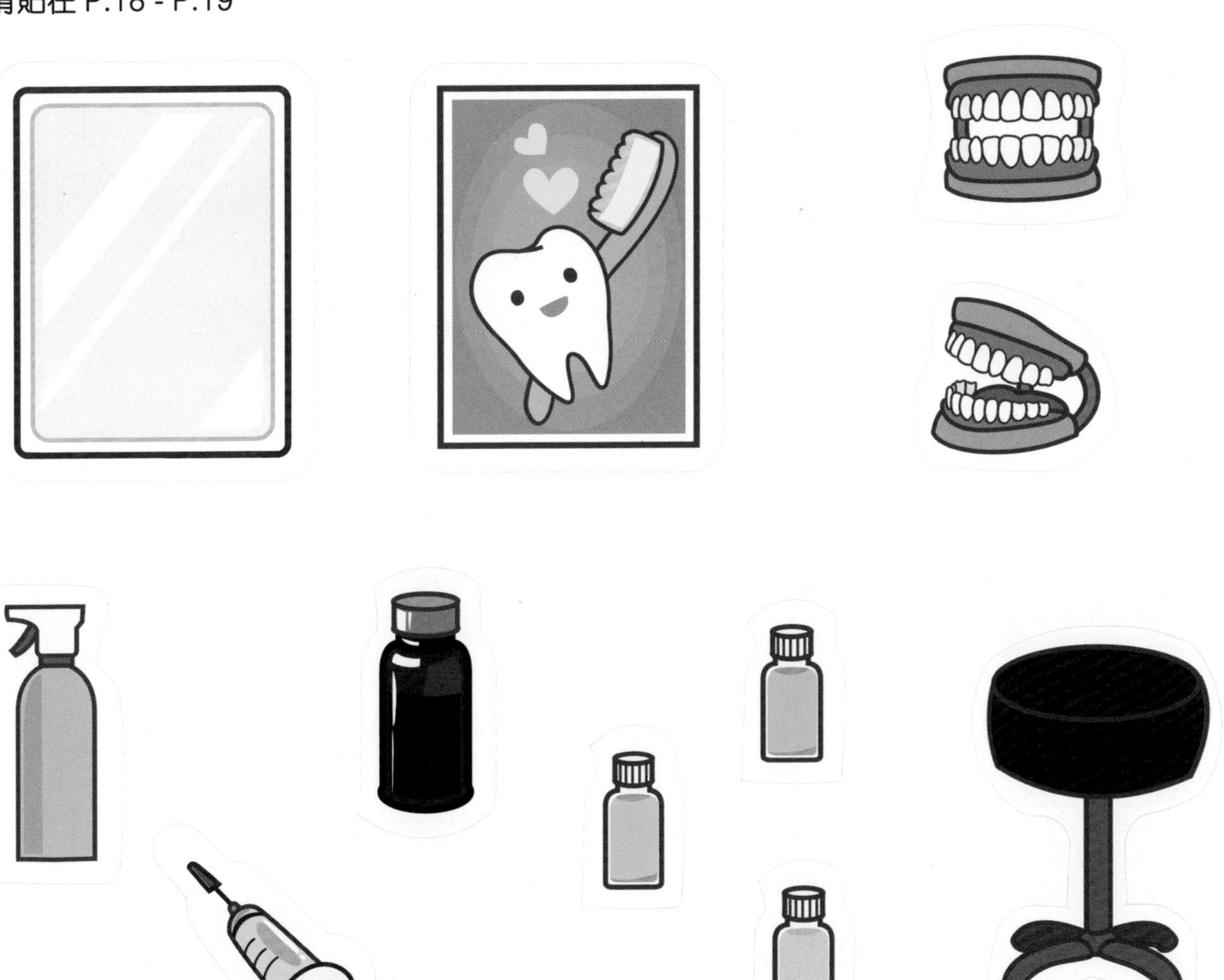

請貼在 P.20

請貼在「做得好！」上

小小夢想家
貼紙遊戲書
醫生

新雅文化事業有限公司
www.sunya.com.hk

小小夢想家貼紙遊戲書

醫生

編　　寫：新雅編輯室
插　　圖：麻生圭
責任編輯：劉慧燕
美術設計：李成宇
出　　版：新雅文化事業有限公司
香港英皇道 499 號北角工業大廈 18 樓
電話：(852) 2138 7998
傳真：(852) 2597 4003
網址：http://www.sunya.com.hk
電郵：marketing@sunya.com.hk
發　　行：香港聯合書刊物流有限公司
香港荃灣德士古道 220-248 號荃灣工業中心 16 樓
電話：(852) 2150 2100
傳真：(852) 2407 3062
電郵：info@suplogistics.com.hk
印　　刷：中華商務彩色印刷有限公司
香港新界大埔汀麗路 36 號
版　　次：二〇一五年一月初版
二〇二二年八月第八次印刷

ISBN: 978-962-08-6220-5

18/F, North Point Industrial Building, 499 King's Road, Hong Kong
Published in Hong Kong, China
Printed in China

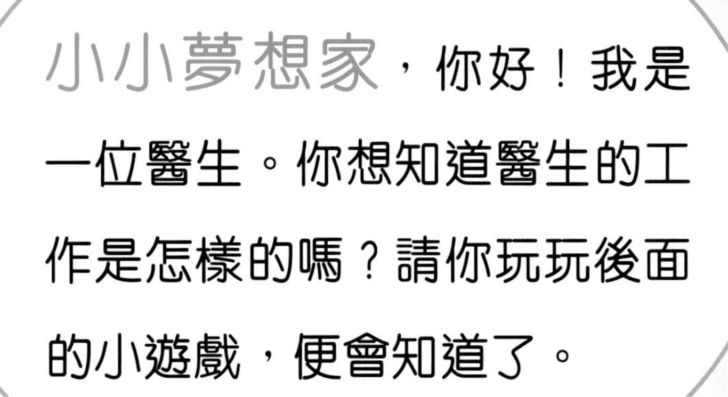

工作地點：醫院或診所

主要職責：醫治生病或受傷的人

性格特點：冷靜、有愛心、做事仔細和認真

醫生上班了

做得好！

新的一天開始了，醫生要上班去，你知道醫生要到哪兒工作嗎？請從貼紙頁中選出貼紙貼在下面適當位置。

正確洗手

醫生準備開始工作了，他要先把雙手洗乾淨。請把下面圖畫的代表字母，按洗手的正確順序填在 □ 內。

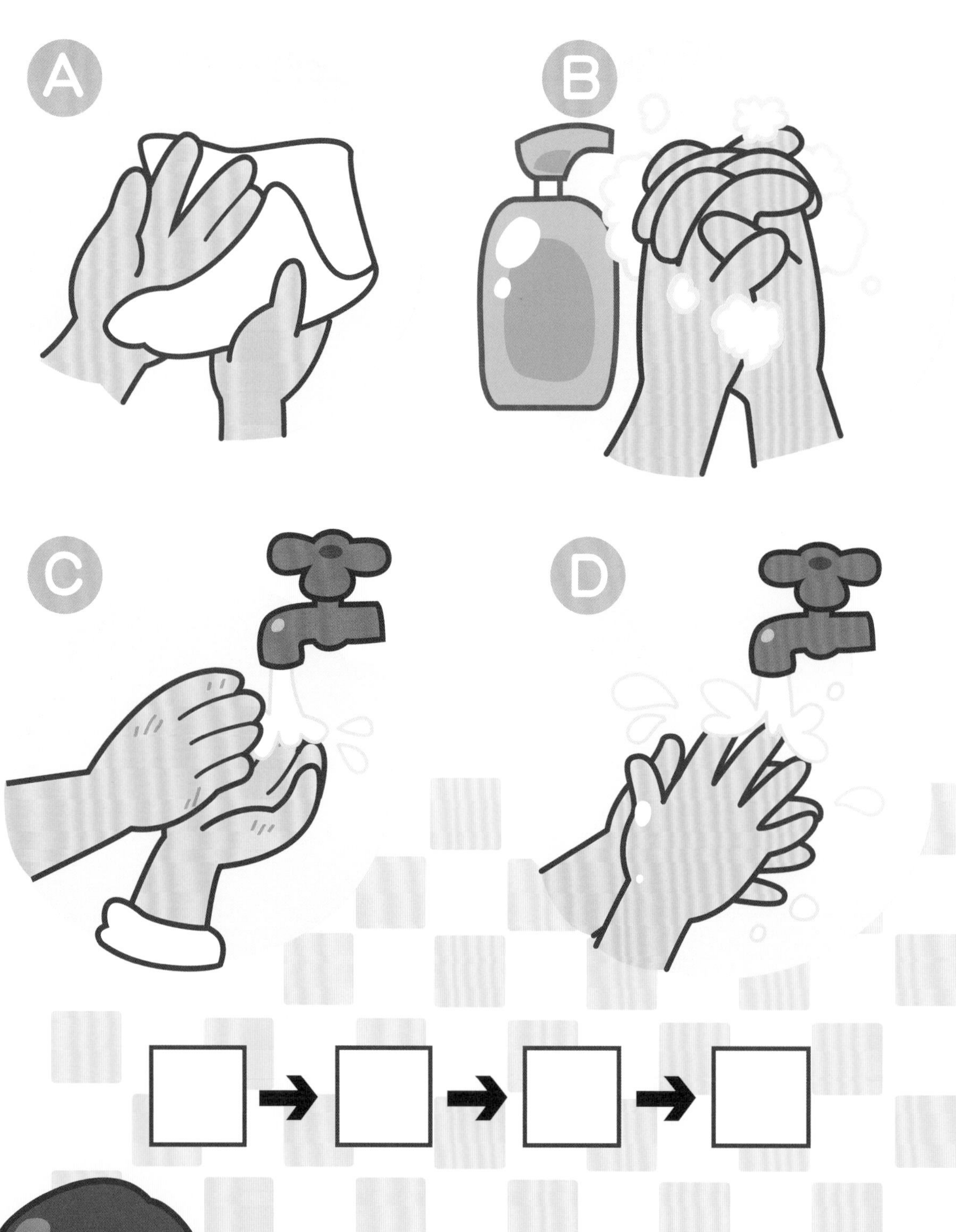

醫生接觸病人之前或之後，都必須徹底洗手，以確保清潔。

醫生的工具

　　醫生工作時需要使用什麼工具呢？請把需要的工具圈起來吧。

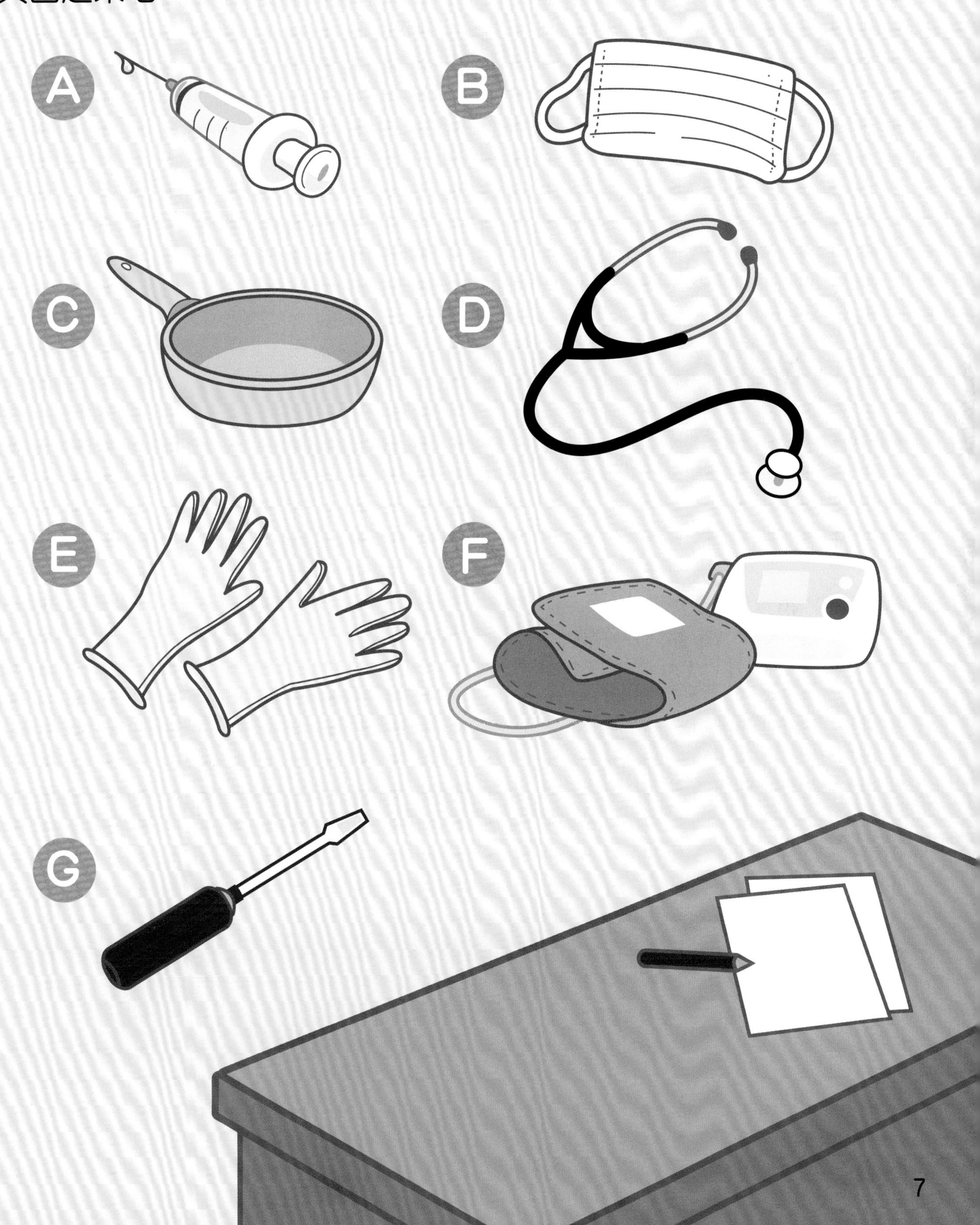

在診症室裏

做得好！

醫生到診症室為病人診症，旁邊的房間裏還有護士在為病人治理傷口。請從貼紙頁中選出貼紙貼在下面適當位置。

認識身體部位

做得好！

小朋友，你認識我們身體的不同部位嗎？請把代表不同部位的英文字母填在正確的 ☐ 內。

A. 腳　　B. 嘴巴　　C. 手　　D. 腿

E. 鼻子　　F. 眼睛　　G. 手臂　　H. 耳朵

認識身體器官

我們身體內部又是怎樣的呢？請根據灰色圖形提示，把不同器官貼紙貼在正確的位置。

腦

負責思考事情和下達命令，使身體活動；還會處理感官信息，使我們有冷和熱等感受。

心臟

位於左肺和右肺之間，會撲通撲通地跳動，將血液傳送到全身。

肺

幫助人體排出廢氣，吸進新鮮空氣。

胃

可以將食物分解成糊狀消化，並能暫時儲存食物。

肝臟

具有解毒及排除體內廢物的功能。

大腸

食物的養分被小腸吸收後，剩餘的殘渣會送到大腸，由大腸轉化成糞便排出體外。

小腸

能消化食物及吸收食物中的養分，並將養分送往肝臟。

巡視病房

　　醫生和護士一起巡視病房，究竟病房裏的情況是怎樣的呢？請從貼紙頁中選出貼紙貼在下面適當位置。

照 X 光

小朋友，請根據下面四位病人受傷的部位，選出屬於他們的 X 光片，並在 X 光片旁的 ◯ 內貼上相應病人的頭像貼紙。

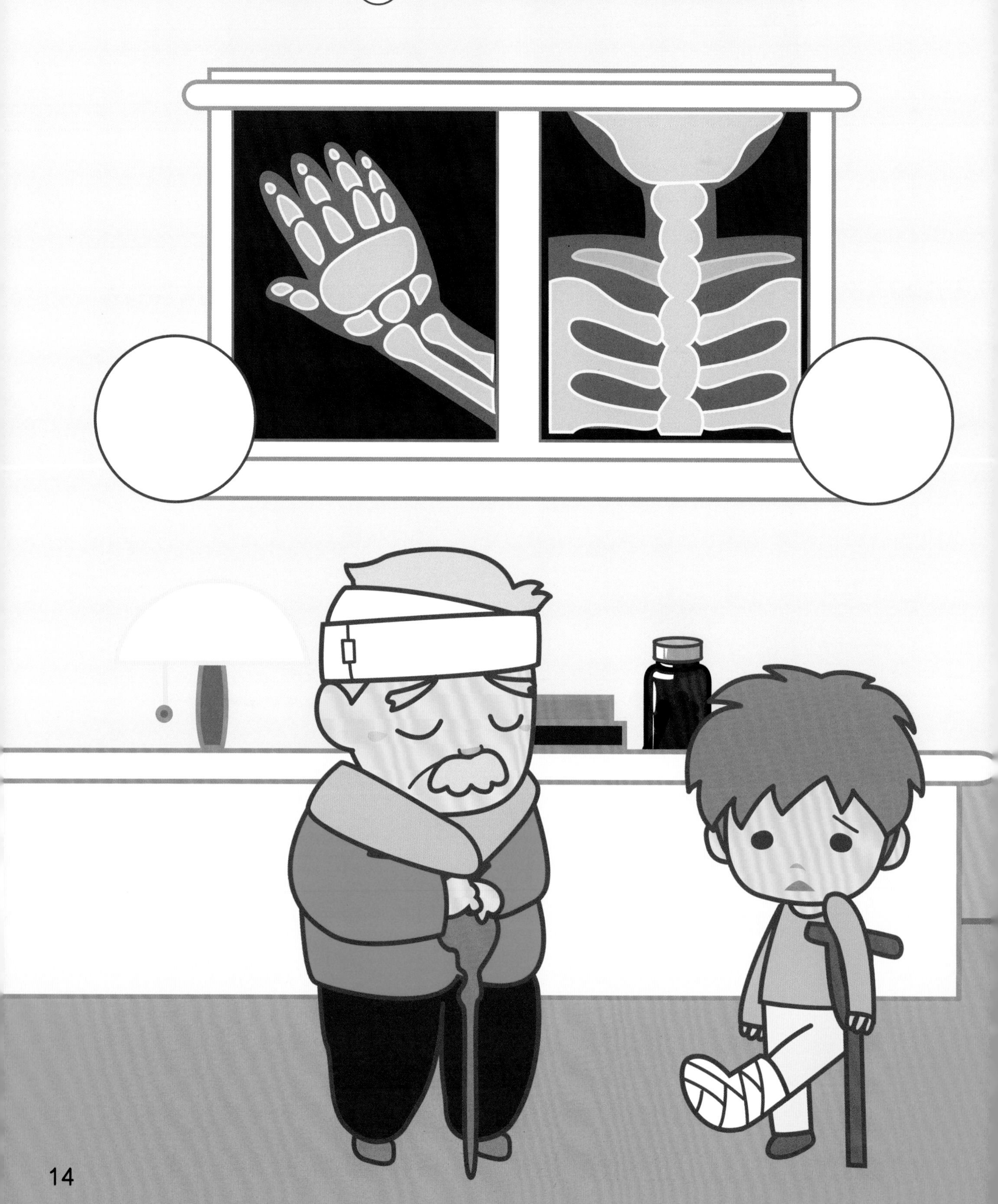

照X光能有助醫生評估病人的病情。

藥房取藥

做得好！

病人看完病後要到藥房取藥。小朋友，下面四組藥丸當中有一顆是和其他藥丸不同的，請把它圈起來吧。

1.

2.

3.

4.

找出蛀牙

小朋友，有個小男孩牙痛啊！他的嘴巴裏有好多蛀牙，請你把它們找出來貼上放大鏡貼紙吧！

小朋友，假如牙齒有毛病，
我們就應該去看牙醫。

牙科診症室

小男孩去看牙醫了，你知道牙科診症室是怎樣的嗎？一起來看看吧。請從貼紙頁中選出貼紙貼在下面適當位置。

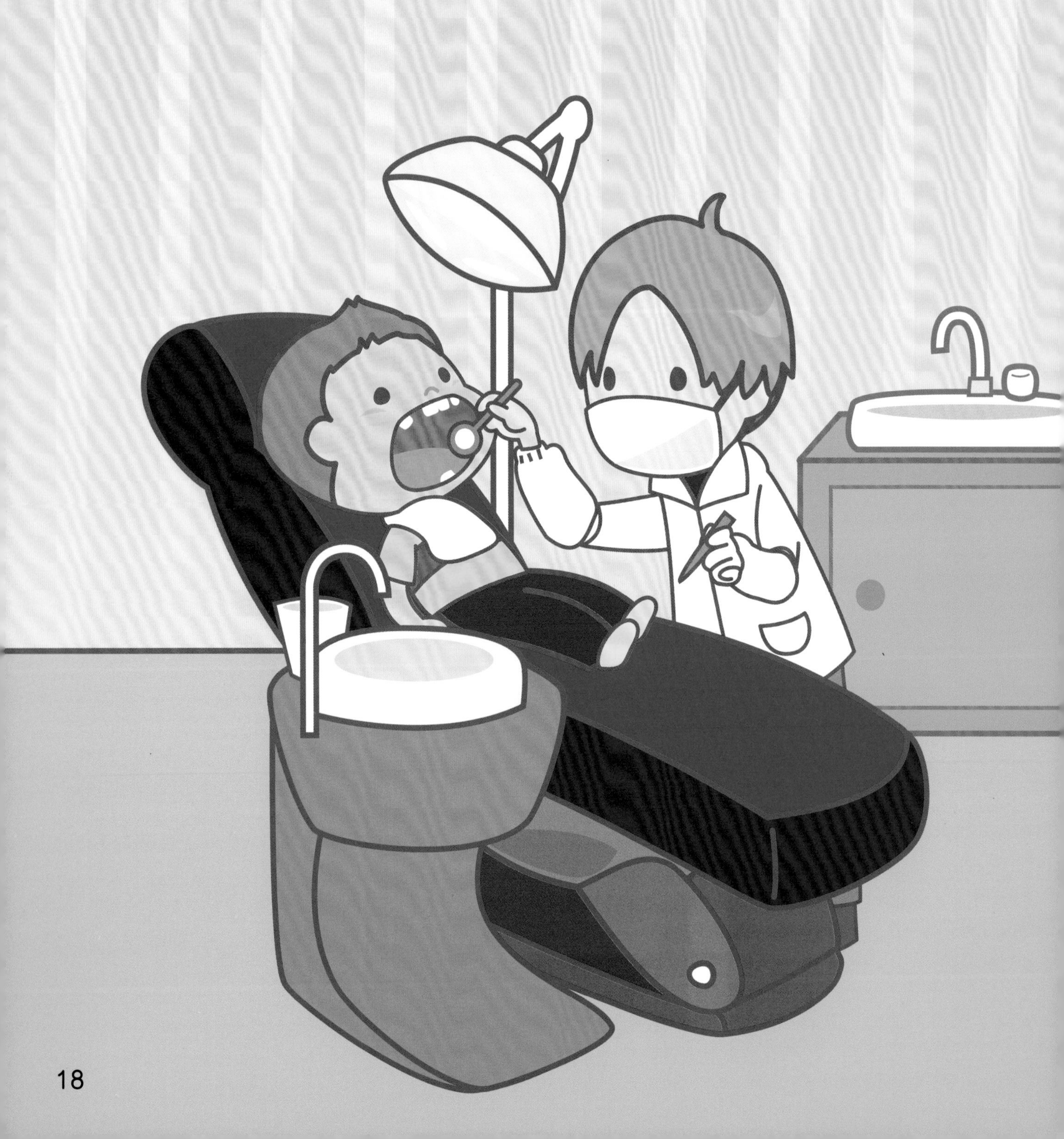

保護牙齒

小朋友，下面哪些食物有害牙齒，要少吃的？請把貼紙頁中相應的食物貼紙貼在紅色框內。

健康食物

小朋友，下面的食物哪些對我們的身體有益？請在 ☐ 內加 ✓；哪些會對我們的身體帶來壞影響，應該少吃的？請加 ✗。

參考答案

P.6
C → B → D → A

P.7
A, B, D, E, F

P.10
1. F 2. E 3. C 4. D
5. H 6. B 7. G 8. A

P.11
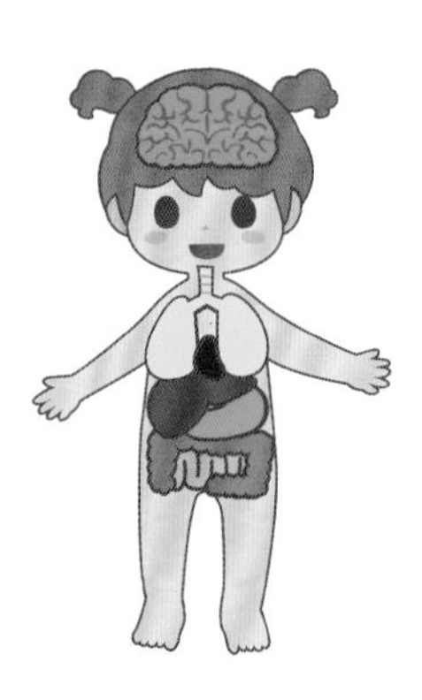

P.14 - P.15

P.16
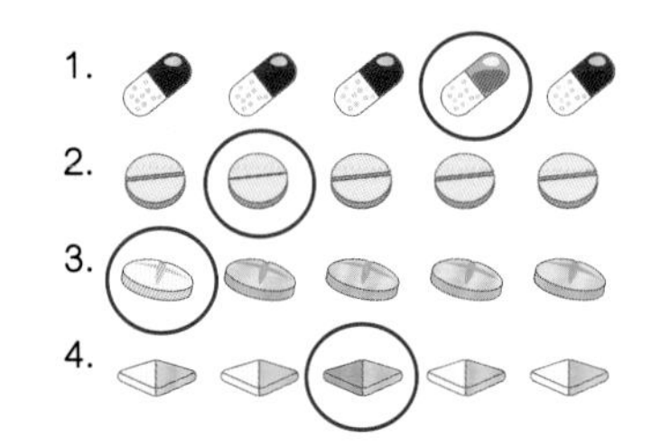

P.17

P.20

P.21
1. ✗ 2. ✓ 3. ✗ 4. ✗ 5. ✗ 6. ✓
7. ✗ 8. ✓ 9. ✓ 10. ✓

Certificate

恭喜你！

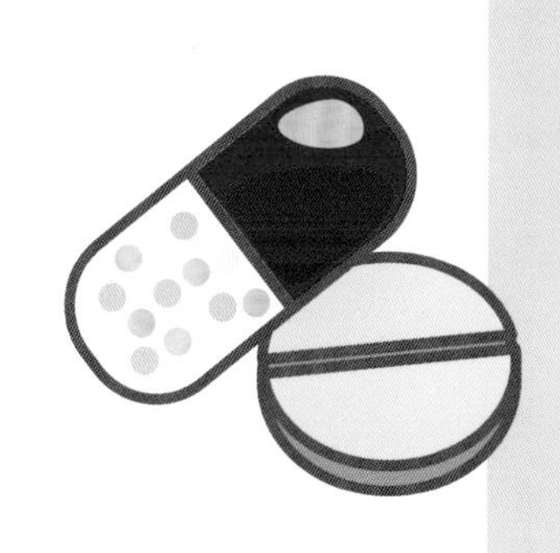

______________（姓名）完成了

小小夢想家貼紙遊戲書：

醫生

如果你長大以後也想當醫生，

就要繼續努力學習啊！

家長簽署：______________

頒發日期：______________